U0038821

〔法〕拉斐尔·费伊特　著/绘
董翀翎　译

中国科学技术大学出版社

比萨饼的历史非常悠久。很久以前，人们爱吃一种饼。这种饼的做法是把面粉和水混在一起，然后揉成面团。

把面团摊平。

放入石制烤炉烘烤至酥脆。

为了让饼变得更加好吃，里面会加入盐及本地产的带香味的草：百里香、迷迭香……

因为它既便宜又美味，所以大家都爱吃这种饼。它甚至成为了士兵的主要口粮。

16世纪，一位商人在美洲长途旅行后回到意大利的那不勒斯时，带回来一种令人称奇的东西，圆圆的，红红的。它是……西红柿！

不过，因为人们担心西红柿有毒，所以没人敢吃西红柿。于是，科学家开始研究这个东西可以用来做什么。

最终，为了避免风险，人们决定用它来做装饰，就像花一样。

这叫
西红柿！

就这样过了很长时间，在意大利仍然没有人敢吃西红柿。

不过有一天，那不勒斯一位非常喜欢创新的厨师想到了一个主意，他把西红柿煮熟，然后把西红柿汁淋在了面饼上。

看着红色的面饼，他既激动，又害怕。万一西红柿真的有毒呢?

他寻找志愿者来品尝他新创的饼，但是没有人愿意。于是他决定自己来。他尝了一口后，发现它不但非常美味，而且之后自己也没有感到任何不适！

① 皮塔饼源于阿拉伯地区，在地中海沿岸是很常见的面饼。——译者注

很快，在那不勒斯，大家都想尝一尝比萨饼。而做比萨饼的厨师，被叫作“比萨饼师”。爱吃比萨饼的人也渐渐地多了起来。

比萨饼师的工作井井有条，他负责制作比萨饼，比萨饼一旦做好，他的助手就用铁托盘把比萨饼顶在头上，然后到城市的大街小巷沿街唱着歌叫卖，通知大家热乎乎的比萨饼来啦！

那不勒斯人非常爱吃比萨饼，他们会在下班的时候买一块，然后在回家的路上很快地吃完。

渐渐地，人们实在太喜爱比萨饼，等不及在街上购买了，他们就直接到烤炉前来取。

于是，比萨饼师想出一个好主意，摆放一个柜台来放置刚出炉的比萨饼。

之后又给人们提供了在店里用餐的设施。

他把腊肠、火腿、蔬菜铺在比萨饼上，或者只把西红柿铺在比萨饼上。

简单来讲，各种各样
口味的比萨饼都有。

慢慢地，比萨饼获得了巨大的成功，以至诗人们都带着敬意来赞美这道美味佳肴……

音乐家们也谱写出了讴歌比萨饼的乐章。

比萨饼风靡世界，富人和穷人都喜欢。它成为了意大利南部的象征和骄傲。

有一天，意大利女王突然很想尝尝这道脍炙人口的美食。

她在那不勒斯最好的比萨饼师拉法埃莱·埃斯波西托那里订了餐。

为了向女王致敬，拉法埃莱决定做一种意大利国旗配色的新式比萨饼。他用西红柿酱作为红色，罗勒作为绿色。最后，把一种美味的意大利奶酪——马苏里拉奶酪融化作为白色。

女王邀请她所有的朋友一起来见识神秘的比萨饼。

但是，朋友们看到女王用一道平民菜肴来招待他们，感到非常恼火。

女王决定自己先尝一尝，但当她看到融化的奶酪流得到处都是时，便生气地命令她的卫兵立刻把比萨饼师关进监狱。

不过，当她吃下第一口……就爱上了比萨饼。拉法埃莱不用进监狱了，还收到了女王写给他的感谢信。

* 亲爱的拉法埃莱，
这是我这辈子吃过的最好吃的东西，非常感谢！
玛格丽特

后来，拉法埃莱理所当然地成为了那不勒斯最有名的比萨饼师。于是，他决定将这款特别的比萨饼称为“玛格丽特”，以此来致敬他的女王。

现在，当你去比萨饼店用餐时，就可以点一张玛格丽特比萨饼，它的味道和全世界最棒的比萨饼师——拉法埃莱当年做的一样哦！

那么你呢？你最喜欢的

比萨饼

是什么样的呢？

现在你已经了解有关比萨饼这项发明的
全部知识了！

不过你还记得我们讲过哪些内容吗?

让我们通过“记忆游戏”来检查自己
记住了多少吧！

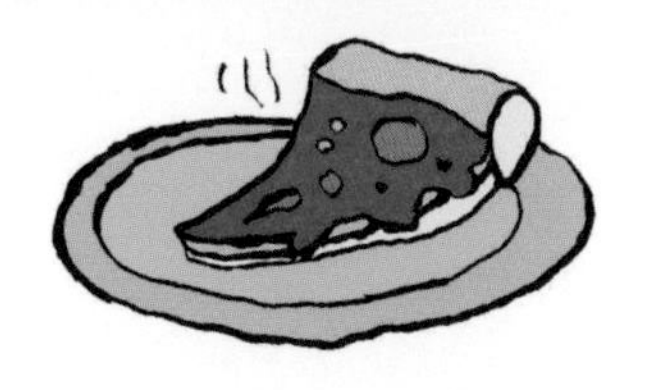

记忆游戏

❶ 西红柿在食用之前，被用来做什么?

做装饰

❷ 比萨饼起源于哪个国家?

意大利

❸ 做比萨饼的人被称为什么?

比萨饼师

❹ 拉法埃莱为哪位女王做了比萨饼?

玛格丽特

❺ 意大利国旗都有什么颜色?

绿、白、红

安徽省版权局著作权合同登记号：第12201950号

图书在版编目（CIP）数据

了不起的小发明.比萨饼/（法）拉斐尔·费伊特著绘；董翀翎译. —合肥：中国科学技术大学出版社，2020.8
ISBN 978-7-312-04937-8

Ⅰ.了… Ⅱ.①拉… ②董… Ⅲ.创造发明—世界—儿童读物 Ⅳ.N19-49

中国版本图书馆CIP数据核字（2020）第068732号

出版 中国科学技术大学出版社
安徽省合肥市金寨路96号，230026
http://press.ustc.edu.cn
https://zgkxjsdxcbs.tmall.com
印刷 鹤山雅图仕印刷有限公司
发行 中国科学技术大学出版社
经销 全国新华书店
开本 710 mm × 1000 mm 1/16
印张 2
字数 25千
版次 2020年8月第1版
印次 2020年8月第1次印刷
定价 28.00元